AF253590

DES CARACTÈRES

DE

L'ENSEIGNEMENT CLINIQUE

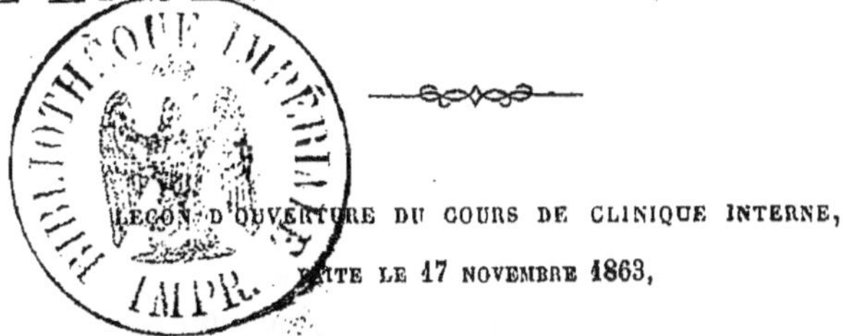

LEÇON D'OUVERTURE DU COURS DE CLINIQUE INTERNE,

FAITE LE 17 NOVEMBRE 1863,

PAR M. RAMBAUD,

PROFESSEUR A L'ÉCOLE DE MÉDECINE DE LYON.

LYON

IMPRIMERIE D'AIMÉ VINGTRINIER

RUE BELLE-CORDIÈRE, 14.

—

1863

DES CARACTÈRES

L'ENSEIGNEMENT CLINIQUE

Messieurs,

Bien que je ne vous sois pas complètement inconnu dans cette chaire, où les souffrances de mon honorable prédécesseur m'ont quelquefois passagèrement appelé, il me paraît opportun, aujourd'hui que j'y monte pour n'en plus descendre, de vous dire tout d'abord ce qu'est la clinique pour moi et comment j'envisage les graves problèmes que nous devons étudier ensemble. En vous montrant les obstacles qui nous attendent, vous et moi, j'espère susciter votre zèle et vos efforts ; mais j'espère surtout, en proclamant bien haut les difficultés de la tâche qui m'est réservée, me concilier votre bienveillante sympathie et mettre ainsi ce qu'il y a d'insuffisant en moi à couvert sous cette sauvegarde protectrice. J'en ai absolument besoin pour porter le poids des souvenirs qu'a laissés ici le professeur Devay, le savant distingué, le maître éminent, si prématurément enlevé à notre estime et à nos amitiés ; et pour ne pas succomber sous le fardeau d'une mortelle comparaison à côté de mon brillant collègue, le professeur Teissier, dont le profond, habile et populaire enseignement a élevé si haut la réputation et l'honneur de cette chaire.

Après les études préliminaires d'anatomie et de physiologie, vous avez commencé votre éducation médicale proprement dite par les livres de pathologie, vous avez appris là quelles séries de symptômes constituent la maladie, quels signes caractérisent son début, sa marche et son déclin, quelles dégradations anatomiques se rencontrent sur le cadavre, quels remèdes réussissent le plus ordinairement. Là vous avez pu trouver que tout était simple, facile et concluant, qu'une maladie n'est pas difficile à reconnaître, et qu'une fois reconnue, elle est encore moins difficile à traiter, puisqu'il ne s'agit que de mettre en usage une médication longuement éprouvée et recommandée par les grands maîtres de l'art.

C'est là une illusion dont vous serez promptement désabusés au premier malade que vous approcherez. Ces connaissances préliminaires indispensables ne sont pas aussi faciles à mettre en œuvre que vous pouvez le croire.

Et d'abord, ces descriptions si complètes et si claires sont empruntées à un grand nombre d'observations ; elles représentent une moyenne qui est, sans doute, le plus près possible de la vérité de chaque fait en particulier, mais qui n'est pas exactement le cas que vous avez actuellement sous les yeux, et votre embarras sera souvent d'autant plus grand à cette première tentative que votre mémoire vous représentera plus fidèlement le tableau classique des symptômes décrits et énumérés dans le livre.

Mais ceci est peu de chose ; être prévenu de cet obstacle, c'est pouvoir le surmonter ; ce qui vous sera d'un embarras plus sérieux, c'est de constater par vous-même ces symptômes et ces signes eux-mêmes. Sans parler de l'éducation à donner à vos sens, pour apprendre à vos yeux à discer-

ner nettement des nuances de formes et de couleurs, à vos
oreilles à distinguer des bruits souvent confondus, à vos
doigts à toucher et à palper pour apprécier de délicates
différences, vous vous apercevrez bientôt que les malades
ne parlent pas aussi clairement que les livres, et qu'il n'est
pas toujours facile de savoir d'eux, ce qu'eux seuls cependant peuvent nous apprendre. Et quand ces notions si pé-
niblement cherchées vous seront acquises, vous serez encore quelquefois longuement embarrassés pour les apprécier, les classer et en faire sortir une unité morbide nettement définie. Des symptômes importants, communs à plu-
sieurs maladies, le délire, le vomissement, par exemple,
vous jetteront souvent dans de pénibles incertitudes, parce
qu'il ne faut pas seulement les constater, mais surtout
discerner leurs nuances et les juger dans leurs rapports
avec d'autres signes.

Quand vous en serez arrivés à ce point et que vous sau-
rez lire au lit du patient comme dans un livre de pathologie,
ne croyez pas encore que votre tâche soit bien avancée,
vous connaîtrez la plante par ses caractères botaniques,
mais vous ne connaîtrez pas les mille conditions procédant
de la terre, du climat, des influences diverses qui peuvent
cependant modifier sa germination, sa floraison et sa fruc-
tification.

La maladie, sachez-le bien, n'est pas pour le clinicien,
comme pour le pathologiste, une série de phénomènes toujours identiques, se développant invariablement dans le
même ordre et réclamant la même thérapeutique. L'homme
qui la porte, l'être vivant sur lequel elle se développe et qui
lui sert de substratum n'est pas toujours exactement dans
les mêmes conditions, n'est pas influencé de la même ma-

nière et au même degré, et surtout ne réagit pas contre les causes de ruine et de mort qui l'assiégent de la même manière et avec la même énergie, et il ne veut pas être secouru toujours de la même façon.

La maladie est une notion générale, le malade est un être concret, spécial, individuel, qu'il faut étudier avec l'aide des notions acquises, sans doute, mais qui veut être examiné et scruté individuellement et dans sa personnalité actuelle ; c'est là précisément la tâche, le rôle et la prétention du clinicien.

Je ne veux et, au surplus, je ne pourrais certainement pas, même indiquer actuellement toutes les circonstances qui peuvent faire dévier la maladie de son type classique. Toutes ces causes d'aberration se dérouleront, du reste, ultérieurement devant nous pour notre instruction commune ; je ne veux que vous signaler les plus saillantes pour la démonstration de ma thèse, et mon but sera amplement atteint si seulement je réussis aujourd'hui à vous convaincre pleinement de cette vérité clinique : que la même maladie ne se ressemble pas toujours à elle-même, qu'elle est mobile, variable, changeante dans son expression symptomatique, aussi bien que dans la thérapeutique qu'elle réclame.

A de certains moments et pendant des temps plus ou moins longs, pour des raisons quelquefois appréciables, le plus souvent complètement inconnues, tous les actes morbides, quels que soient leur siége et leur nature, présentent des nuances qui semblent dériver d'une source commune. Avec un peu d'attention, on est frappé de voir toutes les affections, même les plus légères, revêtir un remarquable caractère d'énergie et s'accommoder à merveille des médi-

cations débilitantes, ou, au contraire, amener un rapide
déclin des forces du malade et réclamer l'emploi des toni-
ques et des récorporants, ou bien se compliquer toutes
d'un même accident. C'est là ce qu'on a appelé la constitution médicale régnante. Ce fait, d'une influence commune,
s'exerçant sur toutes les affections et les marquant de son
sceau, a été depuis longtemps reconnu et constaté, les livres
des anciens auteurs fourmillent d'exemples et d'affirma-
tions péremptoires à ce sujet : Sydenham, le clinicien par
excellence, avait constamment les yeux ouverts sur les
moindres indices symptomatiques pouvant lui dévoiler une
différence quelconque dans les influencec générales, et il
proclame hautement qu'il redoublait d'attention et tâton-
nait prudemment avec sa thérapeutique, à chaque change-
ment climatérique qu'il soupçonnait de pouvoir modifier la
constitution médicale.

Ces idées, que les anciens exagéraient peut-être un peu,
ont été bien à tort négligées et quelquefois même contes-
tées par les modernes ; pour les légitimer à vos yeux et
vous les faire accepter au grand profit de votre instruction
et de vos futurs clients, permettez-moi de les justifier par
un récent exemple, encore présent à la mémoire de tous.

Au mois de mars dernier, à la suite de persistantes va-
riations atmosphériques, on vit tout à coup survenir un
certain nombre de fièvres typhoïdes, en dehors du temps
où elles se montrent d'habitude chez nous. Ces dothinentéries, dont je n'ai pas la prétention de vous faire ici l'his-
toire complète, présentèrent cela de particulier et de com-
mun qu'elles débutèrent soudainement et avec assez de
violence ; que la réaction fébrile eut, dès le début, un caractère de rémittence des plus nettement accusé ; qu'elles se

compliquèrent plus tard d'énergiques et dangereuses loca-
lisations pulmonaires qu'on vit récidiver avec une déplora-
ble persistance et souvent emporter des malades qu'on
pouvait presque croire hors de tout danger. La fréquence
et la mobilité des mouvements fluxionnaires, la rémittence
de la fièvre, la décadence rapide des forces, malgré l'appa-
rente vigueur de la réaction, la bénignité relative des symptômes abdominaux et cérébraux, leur donnèrent véritable-
ment une physionomie spéciale et si exceptionnelle que leur
diagnostic et leur traitement se hérissèrent d'insolites et
redoutables difficultés.

Les praticiens, et même les plus habiles, furent souvent,
et surtout pour les premiers malades, livrés à de doulou-
reuses anxiétés devant cette symptomatologie hybride qui
n'était ni la fièvre catarrhale simple, ni la dothinentérie
classique, demandant tous les jours à des épistaxis légères
ou à des taches lenticulaires, qui tardaient souvent et man-
quaient quelquefois, de les tirer de leur pénible incertitude.
Et si le diagnostic fut difficile, que dire du traitement, que
tout déroutait et faisait dévier des indications habituelles
et des recommandations des auteurs modernes les plus
accrédités.

Voyez maintenant comment tout, dans cette affection
exceptionnelle et compliquée, pouvait s'éclairer d'une lu -
mière inattendue et éclatante par cette notion de la constitution médicale, décriée par ceux-là seulement qui ne
savent ou ne veulent pas voir. La permanence des varia-
tions atmosphériques avait depuis longtemps, à cette
époque, déterminé un grand nombre d'affections catarrhales diverses et créé à l'organisme une aptitude inusitée
pour ces affections; la dothinentérie survenant, rien de

plus naturel que de voir ces influences et ces aptitudes en-
trer en action et produire un état morbide complexe, qui
témoignât par son expression symptomatique multiple de
cette multiple causalité. Et si les difficultés du diagnostic
ne disparaissaient pas complètement, elles s'allégeaient au
moins notablement, car l'expérience a depuis longtemps
prouvé qu'en pareille occurrence la vraie maladie perd toujours de son expression pour revêtir sensiblement le masque
de l'influence régnante.

Pour le traitement, les éclaircissements se précisaient
encore mieux, la longue durée des affections catarrhales et
de la dothinentérie, leur action énergiquement déprimante
sur l'économie, commandaient impérieusement de se pré-
cautionner à l'avance et plus que jamais contre la déchéance
trop certaine des forces vives vers le déclin de la fièvre, de
se défier des fausses apparences de vigueur de la réaction,
de surveiller l'action dépressive des purgatifs, de n'user
des évacuations sanguines que pouvaient réclamer les
fluxions qu'à la dernière extrémité et avec une extrème
prudence, et au contraire de soutenir le malade dès le début avec des boissons analeptiques.

Les vésicatoires, si rarement utiles dans la dothinentérie
pure, devenaient ici d'une importance capitale, et ils ren-
dirent de signalés services à ceux qui surent les employer
en temps opportun et avec une salutaire persévérance. La
remittence de la fièvre, qui est le caractère propre des affections catarrhales, voulait être nettement distinguée de
l'intermittence vraie, afin de ne pas tourmenter le malade
par l'emploi au moins inutile du sulfate de quinine qui ne
pouvait qu'agraver la situation en fatiguant le tube digestif
et le système nerveux, et non conjurer le retour des exacer-

bations, sur lesquelles il n'avait et ne pouvait avoir aucune action.

Vers la même époque, vous avez pu voir un grand nombre de pleurésies et de pneumonies auxquelles pourraient s'appliquer, avec non moins de justesse, les mêmes réflexions ; mais en voilà assez, je pense, pour établir clairement à vos yeux la réalité de la constitution médicale et pour vous montrer qu'elle crée de toutes pièces des maladies, qu'elle modifie profondément les types nosologiques, qu'elle engendre pour un temps des états morbides spéciaux et qu'elle mérite à un très-haut degré de devenir le sujet de vos très sérieuses méditations.

A côté de ces influences climatériques, saisonnières, telluriques, qui sévissent sur des régions entières, viennent se ranger les influences issues de conditions hygiéniques spéciales à de certaines catégories. Ces influences placent les sujets sur lesquels elles pèsent sous l'empire d'une sorte de constitution médicale artificielle qui leur est propre, et développent chez eux des aberrations pathologiques qui veulent aussi être étudiées dans leurs origines et dans leurs manifestations. Ces perturbations morbides sont souvent peu accusées et difficiles à saisir dans nos hôpitaux ; mais elles éclatent au grand jour et avec une souveraine énergie dans les hôpitaux militaires ; c'est là qu'il faut les voir d'abord pour se bien convaincre de leur vérité et de leur importance, afin de savoir les chercher et les trouver dans des conditions plus délicates à démêler, chez les ouvriers d'une même industrie, chez les habitants d'une même localité.

Je ne veux pas vous parler ici des maladies des camps, des maladies spéciales aux troupes en campagne, mais seulement de celles qui frappent la population militaire au même degré que la population civile ; cela suffira à ma démonstration.

En 1855, au mois de janvier, des troupes affluaient à Lyon de tous les points de la France pour y être embrigadées et dirigées ensuite sur le théâtre de la guerre. Ces hommes, qui avaient fourni de longues étapes par un temps rigoureux, semèrent leur route de malades et en laissèrent ici un grand nombre : pneumonies, pleurésies, rougeoles, dothinentéries. Une bonne partie de ces rougeoles et de ces pneumonies présentèrent une physionomie étrange. Avec des lésions pulmonaires extrêmement limitées, elles se compliquèrent d'une dyspnée exacerbante si redoutable qu'elle emporta, par une asphyxie rapide, presque tous les sujets qui l'éprouvèrent. Le sang, frappé dans sa vitalité, paraissait incapable de s'hématoser au contact de l'air qui pénétrait cependant sans peine dans les cellules pulmonaires, et en dépit d'apparences énergiquement inflammatoires, malgré l'âge et la vigueur des sujets, il demeura avéré, par l'issue heureuse ou malheureuse de l'affection, par les effets des médications diverses, par les autopsies, que l'organisme de ces infortunés était frappé d'une impuissance radicale et restait incapable de réaliser une inflammation franche et légitime.

Les pleurésies et les dothinentéries se montrèrent également sensiblement différentes de ce que nous avons l'habitude de rencontrer en ville et dans nos salles. A la violente réaction des débuts succéda rapidement une atonie si profonde et si désespérée qu'il fut évident que c'était précisément la faiblesse qui engendrait ces fausses apparences de force, et que la médication tonique et stimulante devait être employée dès la période initiale, contrairement aux enseignements de l'expérience usuelle.

Rapprochez maintenant ces faits de pathologie des circonstances qui les ont précédés ; voyez ces jeunes hommes subissant tout à coup, au plus fort de l'hiver, des fatigues inaccoutumées, marchant, sous la pression de la discipline, vers un inconnu lointain, plein de périls, quittant des foyers et une patrie que, malgré leur enthousiasme et leur esprit guerrier, ils pouvaient légitimement craindre de ne plus revoir ; et dites, s'il n'y avait pas là des causes plus que suffisantes pour engendrer une profonde débilitation physique et morale, et si, entre le fait pathologique et le fait hygiénique, il n'y a pas un rapport exact et nécessaire ; et surtout de ces considérations retenez bien cet enseignement : que le clinicien doit recueillir avec un soin minutieux tous les renseignements propres à l'éclairer sur les antécédents hygiéniques de son malade, s'il veut connaître pleinement son affection et le secourir utilement.

Sans qu'on puisse toujours démêler clairement le rapport qui lie les habitudes et la manière d'être et de vivre avec les états morbides, on peut affirmer que ce rapport est des plus certains. Nous avons vu deux fois, seulement, le choléra sévir, sous forme de légère épidémie, dans notre ville ; une fois ; il a frappé exclusivement la population militaire, et, l'autre fois, exclusivement la population civile ; pourquoi deux fois cette préférence exclusive en face de populations confondues sur la même terre et sous la même influence atmosphérique ? Sinon parce que ces deux populations, quoique intimement mélangées, vivaient sous l'empire d'un régime moral et matériel radicalement différent.

Les causes de perturbations pathologiques que je viens d'indiquer sont trop manifestement désignées à l'attention, par leur durée et le nombre des sujets qu'elles atteignent, pour échapper longtemps à la sagacité du clinicien un peu attentif.

Il en est d'autres plus isolées, plus particulières, qui se dérobent, au contraire, et qu'il faut pressentir et chercher toujours, ce sont celles qui sont inhérentes au sujet, et qu'il porte avec lui dans tous les temps, dans tous les climats et dans tous les lieux. Celles qui dérivent de la race, du tempérament, du caractère moral, des vices et des vertus, de ces mille choses qui déterminent et constituent l'individualité et lui donnent son cachet. Elles peuvent rester sans influence bien marquée sur les actes de la vie physiologique; mais, aussitôt que l'ordre est troublé, il faut compter avec elles.

Nous ne pourrions assurément pas donner impunément à nos malades autant d'eau-de-vie que les Anglais, ni les saigner aussi copieusement que le font les Piémontais. Les tempéraments nerveux, lymphatique, sanguin, impriment à la marche et à l'expression phénoménale des mêmes maladies fébriles, des nuances qui se traduisent en indications thérapeutiques de premier ordre.

Là où l'état nerveux prédomine, l'inflammation vraie cèdera quelquefois plus facilement aux antispasmodiques et aux calmants qu'aux antiphlogistiques. Là où l'atonie lymphatique l'emporte, les excitants et les recorporants conduiront souvent à une heureuse terminaison une phlegmasie que les saignées eussent fait tourner à mal.

Faut-il rappeler à votre jeune expérience les conséquences souvent si disproportionnées qu'on observe dans les salles de chirurgie, à la suite des mêmes accidents traumatiques, chez des victimes qui ne diffèrent les unes des autres que par le degré de leur intelligence et de leur résignation chrétienne ? Faut-il vous apprendre que la colère, la pusillanimité, la gourmandise, l'ivrognerie, infligent dans la maladie, à ceux qui en sont viciés, des situations exceptionnelles que le médecin doit savoir apprécier et soulager ? Tel ivrogne est pris d'une maladie légère ; il est mis à la diète et soigné comme il convient à la généralité ; bientôt son mal s'aggrave, le délire survient et tout semble tourner à mal ; on lui donne du vin, l'excitant que l'habitude a rendu nécessaire, et immédiatement la sécurité succède au danger.

Peut-être savez-vous déjà combien le dimanche est souvent une journée funeste à nos malades des hôpitaux, parce que, ce jour-là, la tendresse mal inspirée des parents et des amis, sollicite leur trop docile gourmandise à des écarts de régime toujours soigneusement dissimulés, mais dont les fâcheux résultats apparaissent le lundi , sous la forme de complications inattendues et de perturbations qu'il n'est pas toujours facile de bien peser et de maîtriser.

Les sentiments passionnels, la crainte et la colère, n'impriment pas seulement à l'expression des symptômes de profondes et très-malheureuses modifications, bien capables souvent d'égarer le diagnostic, ils élèvent aussi devant la médication des obstacles formidables, dont le médecin ne peut espérer triompher que par le concours des plus heureuses facultés. Il faut qu'il sache fouiller délicatement au plus profond de l'âme humaine, qu'il sache commander doucement le respect et inspirer la confiance, pour modérer les impatiences désordonnées qui troublent l'évolution régulière d'une maladie, pour rendre au corps, en même temps qu'à l'âme, le ressort nécessaire pour lutter et se défendre, pour donner à l'organisme cette exacte et salutaire pondération, qui peut seule le rendre accessible à la thérapeutique même la plus savante.

Les causes de cet ordre qui peuvent modifier les symptômes et nuancer le traitement, sont aussi nombreuses, vous le comprenez, que les types humains dont elles émanent. Elles échappent à toute règle et à toute prévision ; elles apparaissent à l'improviste et doivent toujours vous trouver prêts à les chercher et à les saisir dans leurs multiples, délicates, et souvent trop fugitives manifestations.

Vous le voyez, Messieurs, la clinique n'est point un terrain solide, où l'on soit toujours absolument sûr de chacun de ses pas, où la vérité de la veille soit toujours et infailliblement la vérité du lendemain. Tout y est mobile, variable, protéique, chaque malade y apporte un nouveau problème à élucider, et, pour réussir dans cette étude, qui n'a pas la simplicité que vous aviez peut-être rêvée, mais qui possède certainement le charme enivrant de l'imprévu et de la grandeur, ce n'est pas seulement votre mémoire qu'il faut meubler de l'expérience et des notions acquises, c'est surtout votre jugement qu'il faut exercer, développer et mûrir, si vous voulez vous mettre au niveau des devoirs qui vous attendent, si vous voulez pleinement savourer le bonheur de savoir et de pouvoir secourir vos semblables, et les sauver des souffrances, des dangers et de la mort, dans la mesure de ce qu'il est possible à l'homme d'accomplir.

Pour atteindre ce but élevé et si désirable, je vous promets mon concours dévoué, promettez-moi votre zèle et votre bienveillance pour alléger ma tâche et atténuer mon insuffisance.

www.ingramcontent.com/pod-product-compliance
Lightning Source LLC
Chambersburg PA
CBHW051451060726
47596CB00006B/2727